Guida alla Coltivazione del Narciso

Impara cosa fare bene per coltivare incantevoli Narcisi

A. Duller

I0478137

Lisa Shardon

Guida alla Coltivazione del Narciso

Introduzione

Il narciso è uno dei fiori più affascinanti e culturalmente ricchi che si possano trovare in natura. Con le sue delicate corolle gialle e bianche, simboleggia la rinascita e la bellezza, ed è spesso associato alla primavera. Ma al di là della sua bellezza estetica, il narciso è avvolto in una storia di miti e leggende, nonché in significati simbolici che si intrecciano con la cultura umana da millenni. In questo lungo studio, esploreremo non solo la storia e il significato del narciso, ma anche i diversi tipi di questa pianta, le loro caratteristiche e come scegliere la varietà più adatta per il proprio giardino o ambiente.

Capitolo 1: Storia e significato del Narciso

Il narciso ha origini antiche, risalenti a millenni fa. Il suo nome deriva dalla parola greca "narkissos", che si ritiene possa derivare dalla parola "narkao", che significa "intorpidire" o "dormire", a causa del suo profumo inebriante che può, in effetti, avere un effetto narcotico su chi lo inalano. Ma il narciso è più di un semplice nome; è una figura centrale in diversi miti e storie.

Miti e leggende

Una delle leggende più famose legate al narciso è quella di Narciso, un giovane dalla bellezza straordinaria, descritto nella mitologia greca. Narciso era così affascinato dalla propria immagine che, vedendosi riflesso in una sorgente d'acqua, si innamorò perdutamente di se stesso. La sua ossessione lo portò a rimanere lì, incapace di distogliere lo sguardo dal suo riflesso fino alla morte. In alcune versioni del mito, gli dei, infastiditi dalla sua vanità, trasformarono il suo corpo in un fiore, il narciso, che cresceva nei luoghi in cui era consumato dalla sua stessa bellezza. Questo mito è spesso interpretato come un monito contro l'eccessiva vanità e il narcissismo, riflettendo le conseguenze di un'ossessione malsana per se stessi.

Significato simbolico

Oltre alla sua associazione con la vanità, il narciso ha un significato simbolico ampio e diversificato. In molte culture, il narciso rappresenta la rinascita e il rinnovamento. La sua fioritura annuale segna l'arrivo della primavera e, con essa, la resurrezione della vita dopo i freddi inverni. In diverse tradizioni, il narciso è considerato un simbolo di speranza, promuovendo l'idea che ci sia sempre un nuovo inizio anche dopo periodi di difficoltà e oscurità.

In Cina, il narciso è associato al Capodanno e viene spesso utilizzato come portafortuna. Si crede che la sua fioritura durante questo periodo porti prosperità e buona sorte. Nella cultura cristiana, il narciso può essere visto come un simbolo di purezza e sacralità, ricollegandosi all'idea di risurrezione e vita eterna.

Utilizzo storico

Nel corso della storia, il narciso è stato utilizzato anche in medicina e come ingrediente in profumi, grazie al suo profumo caratteristico e ai suoi potenziali effetti narcotici. Alcuni antichi medici e erboristi ne hanno sfruttato le proprietà, anche se le parti della pianta possono essere tossiche se ingerite. Ciò dimostra come il narciso abbia avuto un significato non solo estetico, ma anche pratico.

Riflessioni finali

L'eredità storica e simbolica del narciso lo rende molto più di un semplice fiore da giardino. La sua connessione con il mito greco di Narciso pone interrogativi sull'identità e l'immagine di sé, mentre il suo utilizzo in varie culture testimonia la sua rilevanza nel drenare il confine tra il sacro e il profano.

Tipi di Narciso

Il narciso appartiene alla famiglia delle Amaryllidaceae e comprende numerose varietà, ognuna con le proprie peculiarità e caratteristiche. Le varietà di narciso possono essere suddivise in diverse categorie, ognuna con fiori distintivi, colori e periodi di fioritura.

Varietà principali

1. **Narcisi a coppa**: Questi narcisi

presentano un centro a coppa prominente, con petali che si allargano attorno a esso. Sono tra le forme più comuni e includono varietà come il 'King Alfred', noto per i suoi fiori gialli brillanti e la sua robustezza.

2. **Narcisi a tromba**: Questa varietà ha un grande tubo centrale e petali più piccoli. Sono tra i primi a fiorire e sono spesso utilizzati in giardini e parchi per la loro resistenza e bellezza. Un esempio popolare è il 'Golden Dawn'.

3. **Narcisi a fiori multipli**: Queste varietà presentano più fiori su uno stelo, creando un effetto straordinario. Spesso fioriscono in diverse tonalità di giallo, bianco e arancio. La varietà 'Tete-à-tête' è particolarmente apprezzata per la sua fioritura abbondante.

4. **Narcisi selvatici**: Esistono anche varietà di narcisi selvatici, che crescono spontaneamente in diversi habitat. Una di queste è il 'Narcissus poeticus', noto anche come narciso poetico, che giace nei pascoli e nelle praterie.

5. **Narcisi a petalo triplo**: Queste varietà hanno una forma più complessa e sono assai decorate. Tra tutte, il 'Double Narcissus' è un

esempio affascinante con fiori che sembrano quasi roses.

Scegliere la varietà giusta

La scelta della varietà di narciso giusta dipende da vari fattori, inclusi il clima, il tipo di suolo e l'effetto visivo desiderato. È importante considerare questi aspetti prima di impegnarsi nella piantagione.

Considerazioni sulla varietà

1. **Clima**: Alcune varietà di narciso sono più adatte a climi temperati, mentre altre possono prosperare in condizioni diverse. Ad esempio, i narcisi a tromba tendono a tollerare meglio le temperature più fredde.

2. **Tipo di suolo**: I narcisi preferiscono un terreno ben drenato. Se il suolo è troppo umido, le bulbose possono marcire. Assicurati che il terreno sia arricchito con materiale organico per fornire i nutrienti necessari.

3. **Estetica**: Scegli una varietà che si integri nel tuo giardino. Considera le alture e i colori; alcune varietà possono sbocciare in sequenze temporali, garantendo una fioritura continua.

4. **Manutenzione**: Alcuni narcisi sono più

facili da curare rispetto ad altri. Se hai bisogno di fiori a bassa manutenzione, considera varietà resistenti e che richiedono poche cure.

In conclusione, il narciso è molto più di un fiore; è un simbolo di storia, cultura e bellezza. La scelta della varietà e della cura di questi fiori non solo abbellirà il nostro ambiente, ma ci permetterà di connetterci con le storie e i significati che portano con sé. Con la giusta conoscenza e attenzione, il narciso può essere una grande aggiunta a qualsiasi giardino o paesaggio, portando con sé tocchi di colore e fragranza che evocano storie senza tempo.

Capitolo 2 : Preparazione del terreno per le piante di Narciso

Il narciso, noto per la sua bellezza e il profumo inebriante, è una delle prime fioriture primaverili che riempiono i giardini di colore e vitalità. Prima di procedere alla piantagione dei bulbi di narciso, è fondamentale preparare adeguatamente il terreno. Una preparazione accurata garantirà non solo una crescita sana delle piante, ma anche una fioritura abbondante e duratura. Questa guida vi accompagnerà attraverso i diversi passaggi necessari per preparare il terreno per i vostri narcisi e per adottare le migliori tecniche di piantagione.

1. Scelta della posizione

Il primo passo nella preparazione del terreno è scegliere la posizione giusta. I narcisi preferiscono un luogo soleggiato o parzialmente ombreggiato. Una posizione con almeno 6 ore di sole diretto al giorno è ideale. È importante notare che i narcisi non prosperano in terreni troppo umidi, quindi è fondamentale scegliere un'area con un buon drenaggio. In generale, evitare i punti in cui l'acqua tende a ristagnare durante la pioggia o l'irrigazione.

2. Analisi del terreno

Prima di piantare, è una buona pratica analizzare il terreno. Un'analisi del suolo fornisce informazioni importanti riguardo al pH e alla composizione nutrizionale del terreno. I narcisi preferiscono un pH del suolo tra 6 e 7. Se il pH è troppo acido o alcalino, si possono apportare modifiche con l'aggiunta di calce (per alzare il pH) o zolfo (per abbassarlo). Inoltre, le analisi possono rivelare carenze di nutrienti chiave, come azoto, fosforo e potassio, permettendo di correggere eventuali deficit prima della piantagione.

3. Preparazione del suolo

Dopo aver scelto la posizione e aver analizzato il suolo, è tempo di prepararlo. Iniziate rimuovendo eventuali erbacce, pietre e residui vegetali dalla superficie. Questo passo è cruciale per evitare la competizione tra i narcisi e le piante infestanti.

a. Lavorazione del terreno: Utilizzate una vanga o una motozappa per rompere il terreno a una profondità di circa 30 centimetri. Questa lavorazione aiuterà l'areazione del suolo e favorirà la crescita delle radici.

b. Aggiunta di compost: Dopo la lavorazione, arricchite il terreno con compost ben maturo o letame ben decomposto. Questo non solo fornisce nutrienti essenziali, ma migliora anche la struttura del suolo e la sua capacità di ritenzione idrica. Distribuite uno strato di compost di circa 5-10 centimetri e mescolatelo bene con il terreno esistente.

c. Drenaggio: Se il terreno è pesante o argilloso, considerate l'aggiunta di sabbia o ghiaia per migliorarne il drenaggio. Mescolate bene per ottenere una consistenza più leggera. Un buon drenaggio è vitale per prevenire marciumi radicali, una condizione che può facilmente colpire i bulbi di narciso.

4. Livellamento del terreno

Dopo aver lavorato e arricchito il terreno, è importante livellarlo. Usate un rastrello per rimuovere eventuali cumuli o buchi, assicurandovi che la superficie sia uniforme. Un terreno ben livellato aiuterà a garantire che l'acqua si distribuisca uniformemente e non si accumuli in pozzetti che potrebbero danneggiare i bulbi.

5. Pianificazione della disposizione

Prima di piantare, pianificate la disposizione dei bulbi. I narcisi possono essere piantati in gruppi o file, a seconda dell'aspetto che desiderate ottenere nel vostro giardino. Se volete creare un effetto naturale, optate per gruppi casuali di bulbi. Se invece preferite una disposizione più formale, le file ordinate possono funzionare meglio. Ricordate che i bulbi di narciso raggiungono altezze variabili, quindi considerate la loro altezza finale e prevedete uno spazio sufficiente anche per le varietà più alte.

6. Tecniche di piantagione

Dopo aver preparato il terreno, siete pronti per piantare i bulbi di narciso. Seguite questi passaggi per garantire una piantagione di successo:

a. Profondità di piantagione: La regola generale è piantare i bulbi a una profondità pari a tre volte la loro altezza. Ad esempio, se il bulbo misura 5 cm, piantatelo a circa 15 cm di profondità. Una piantagione troppo superficiale può esporre i bulbi a condizioni climatiche avverse, mentre se piantati troppo in profondità potrebbero avere difficoltà a germogliare.

b. Spaziatura: Posizionate i bulbi a una distanza di circa 10-15 cm l'uno dall'altro. Questo consente loro di crescere senza competere per spazio e risorse, permettendo anche una buona circolazione dell'aria.

c. Orientamento: Assicuratevi di posizionare il bulbo con la punta rivolta verso l'alto. I narcisi hanno una parte appuntita che deve emergere verso la superficie, mentre la base è più piatta e va interrata.

d. Riempire il buco: Dopo aver posizionato i bulbi, riempite delicatamente il buco con terra, assicurandovi di non danneggiare i bulbi. Compattate leggermente il terreno attorno alla base del bulbo per evitare bolle d'aria.

7. Irrigazione post-piantagione

Dopo aver piantato i bulbi, è essenziale irrigare bene il terreno. Un'irrigazione adeguata aiuterà a stabilire il contatto tra il bulbo e il terreno circostante. Tuttavia, evitate di creare pozzetti o di inondare l'area. È importante mantenere il terreno umido ma non fradicio, poiché un eccesso di umidità può causare marciume radicale.

8. Pacciamatura

Una volta che i bulbi sono stati piantati e il terreno annaffiato, è utile applicare uno strato di pacciamatura. La pacciamatura aiuta a mantenere l'umidità nel terreno, riduce la crescita di erbacce e regola la temperatura del suolo. Utilizzate materiali organici come paglia, corteccia triturata o foglie secche, applicando uno strato di circa 5 cm attorno alla zona di piantagione.

9. Manutenzione del terreno

Dopo la piantagione, la manutenzione del terreno è fondamentale. Monitorate regolarmente l'umidità del suolo, specialmente durante i periodi di siccità. Gli irrigatori a goccia o i sistemi di irrigazione automatica possono rivelarsi utili. Inoltre, tenete d'occhio eventuali segni di malattie o parassiti, e intervenite prontamente in caso di problemi.

Un'ulteriore pratica di manutenzione è la fertilizzazione. Dopo che i narcisi hanno fiorito, si consiglia di applicare un fertilizzante bilanciato per fornire nutrienti aggiuntivi che favoriranno una crescita sana e fioriture future.

Conclusioni

La preparazione del terreno per la piantagione

dei narcisi è un processo fondamentale che richiede attenzione ai dettagli. Dalla scelta della posizione e dall'analisi del suolo, fino alla corretta piantagione e manutenzione, ogni passaggio contribuisce a creare le condizioni ideali per una fioritura spettacolare. Seguendo questi consigli, potrete garantire un giardino pieno di colori e profumi che incanterà tutti durante la stagione primaverile. Una volta che i bulbi saranno piantati e il terreno ben preparato, non vi resta che attendere con pazienza e godervi la meraviglia dei narcisi in fiore.

Capitolo 3 : Cura e Manutenzione: Irrigazione e Fertilizzazione delle Piante di Narcisi

I narcisi, noti anche con il nome di "daffodils", sono fiori bulbosi appartenenti al genere Narcissus. Questi fiori sono particolarmente apprezzati per la loro bellezza e varietà di colori, oltre che per la loro resistenza e relativa facilità di coltivazione. Originari dell'Europa e dell'Asia, i narcisi fioriscono in primavera, regalando paesaggi luminosi e profumati. Tuttavia, per garantire la salute e la produttività delle piante di narcisi, è fondamentale prestare particolare attenzione alla loro irrigazione e fertilizzazione.

Irrigazione dei Narcisi

L'irrigazione è uno degli aspetti più cruciali nella cura dei narcisi. Sebbene queste piante siano resistenti e possano tollerare periodi di siccità, una corretta idratazione è essenziale per la loro crescita e fioritura ottimale.

Bisogni idrici

I narcisi richiedono una quantità moderata di

acqua, specialmente durante il periodo di crescita attiva che coincide con la primavera. Durante questa fase, il bulbo accumula nutrienti e l'acqua è necessaria per facilitare questo processo. È importante notare che i narcisi preferiscono un terreno ben drenato; pertanto, l'eccesso di acqua, che può causare il marciume del bulbo, deve essere evitato.

Frequenza dell'irrigazione

In generale, i narcisi dovrebbero essere irrigati quando il terreno è asciutto al tatto, ma prima che inizi a seccarsi completamente. Nella maggior parte dei casi, un'irrigazione ogni settimana è sufficiente, ma durante periodi particolarmente caldi o secchi, potrebbe essere necessario aumentare la frequenza. D'altro canto, nei mesi autunnali e in inverno, quando la pianta entra in una fase di dormienza, l'irrigazione dovrebbe essere notevolmente ridotta fino a cessare quasi del tutto.

Tecniche di irrigazione

Quando si irrigano i narcisi, è consigliabile utilizzare metodi che minimizzino l'impatto sulla pianta, come l'irrigazione a goccia. Questo metodo permette di fornire acqua direttamente al bulbo, riducendo il rischio di marciume radicale e garantendo un'umidità costante e adeguata. Evitare di bagnare le foglie e i fiori durante l'irrigazione è fondamentale, poiché l'umidità stagnante sulle superfici vegetali può favorire lo sviluppo di malattie fungine.

Controllo dell'umidità del suolo

Per monitorare l'umidità del suolo, è possibile utilizzare un misuratore di umidità o semplicemente inserire un dito nel terreno per verificare il livello di asciugatura. Se il terreno risulta asciutto a una profondità di circa 2-3 cm, è il momento di irrigare. Tenere d'occhio l'aspetto complessivo delle piante aiuta, poiché foglie appassite o secche possono essere un segnale di stress idrico.

Fertilizzazione dei Narcisi

La fertilizzazione è un altro elemento fondamentale per garantire una crescita sana e una fioritura abbondante dei narcisi. Poiché si tratta di piante bulbose, i narcisi traggono gran parte dei nutrienti necessari dal loro bulbo. Tuttavia, un apporto supplementare di nutrienti può fare la differenza nella qualità delle fioriture.

Tipologie di fertilizzanti

I fertilizzanti utilizzati per i narcisi possono essere classificati in base alla loro composizione e modalità di rilascio. I fertilizzanti organici sono una scelta eccellente poiché rilasciano nutrienti lentamente, migliorando anche la struttura e la fertilità del suolo. Tra i migliori fertilizzanti organici troviamo compost, letame ben decomposto o farine di ossa.

D'altro canto, i fertilizzanti chimici, disponibili in formulazioni granulari o liquidi, possono fornire risultati rapidi e visibili. È importante scegliere un fertilizzante specifico per piante da fiore con un rapporto equilibrato di azoto, fosforo e potassio (NPK). Un fertilizzante con un rapporto come 10-10-10 o 5-10-5 è spesso consigliato per le piante di narcisi.

Timings della fertilizzazione

I narcisi dovrebbero essere fertilizzati almeno due volte durante il loro ciclo di crescita, preferibilmente all'inizio della primavera, quando iniziano a germogliare, e poi nuovamente dopo la fioritura. Iniziare con una prima applicazione di fertilizzante quando le foglie iniziano a emergere dal bulbo aiuterà a stimolare la crescita. Successivamente, un'applicazione post-fioritura è utile per permettere ai narcisi di immagazzinare nutrienti per il ciclo successivo.

Metodo di applicazione

La fertilizzazione dei narcisi può avvenire mediante diverse tecniche. Se usi fertilizzanti granulari, spargi il prodotto attorno alla pianta, evitando di toccare direttamente il bulbo. Dopo l'applicazione, irrigare bene per attivare il fertilizzante e favorire la percolazione nel suolo.

I fertilizzanti liquidi, invece, possono essere diluiti in acqua e applicati direttamente al terreno, garantendo un'azione più rapida e un'assimilazione più immediata da parte della pianta. È consigliabile seguire sempre le indicazioni riportate sulle confezioni dei fertilizzanti per evitare sovradosaggi, che potrebbero essere dannosi.

Attenzione ai segni di carenze nutrizionali

Osservare attentamente le piante di narcisi può fornire indicazioni preziose riguardo alla loro salute nutrizionale. Segni di carenza includono foglie ingiallite, che potrebbero indicare una carenza di azoto, oppure anatomie cresciute più corte della media, che potrebbero segnalare insufficienti nutrienti sul fosforo. In tali casi, è utile integrare la fertilizzazione con i nutrienti mancanti.

Conclusione

Avere cura delle piante di narcisi attraverso una corretta irrigazione e fertilizzazione è essenziale per garantire fioriture vibranti e piante sane. Comprendere le necessità idriche e nutrizionali di questi bulbi permetterà di creare un ambiente favorevole alla loro crescita.

È importante ricordare che i narcisi, pur essendo resilienti, richiedono attenzione. Un'adeguata irrigazione e una fertilizzazione appropriata possono trasformare il tuo giardino in un'esplosione di colori e profumi in primavera. Con poco sforzo e l'adozione di pratiche colturali correttamente mirate, chiunque possa coltivare con successo questi splendidi fiori, godendo della loro bellezza anno dopo anno.

Capitolo 4: Controllo dei parassiti e delle malattie dei fiori Narcisi

I narcisi, con i loro fiori luminosi e profumati, sono tra le piante più amate nei giardini e nei paesaggi ornamentali. Tuttavia, come tutte le piante, anche i narcisi sono soggetti all'attacco di parassiti e malattie. Un controllo adeguato di questi problemi è fondamentale per garantire la salute e la bellezza delle piante, nonché per una fioritura abbondante e duratura.

Parassiti comuni dei narcisi

1. **Afidi**: Questi piccoli insetti succhiasucchi sono tra i parassiti più comuni. Si insediano sulle foglie e sui fiori, causando ingiallimento e curvatura delle foglie. Gli afidi possono anche trasmettere virus ad altre piante.

Controllo: Per ridurre la popolazione di afidi, è possibile utilizzare insetticidi naturali a base di sapone o acqua e olio di neem. La presenza di insetti predatori, come le coccinelle, può aiutare a controllare naturalmente l'infestazione.

2. **Tripidi**: Questi insetti sono particolarmente problematici per i narcisi, poiché possono danneggiare i fiori e provocare scolorimento e deformazione. I tripidi si nutrono del tessuto vegetale, causando macchie e aloni gialli.

Controllo: Mantenere le piante ben curate e potare le foglie malate può contribuire a prevenire le infestazioni. In caso di un attacco severo, è consigliabile l'uso di insetticidi specifici per tripidi.

3. **Coleotteri delle bulbose**: Questi insetti si nutrono dei bulbi, compromettendo la crescita e la fioritura delle piante. La presenza di segni di danno sul bulbo può indicare l'infestazione.

Controllo: La rotazione delle colture è una pratica utile per prevenire l'infestazione. È anche possibile utilizzare trappole specifiche o insetticidi per eliminarli.

Malattie dei narcisi

1. **Marciume del bulbo**: Questa malattia è causata da funghi come la *Botrytis* e la *Fusarium*, che attaccano i bulbi e ne provocano il marciume. I sintomi includono un odore sgradevole e la presenza di muffa.

Controllo: È fondamentale piantare bulbi sani in terreni ben drenati. Se il marciume è già presente, è consigliabile rimuovere e distruggere i bulbi infetti. L'uso di fungicidi può aiutare a prevenire la diffusione della malattia.

2. **Muffa grigia**: Causata dal fungo *Botrytis cinerea*, questa malattia colpisce i fiori e le foglie, causando macchie marroni e un rivestimento polveroso grigio sui petali.

Controllo: La gestione della densità delle piante e la ventilazione sono cruciali per prevenire la muffa grigia. Utilizzare fungicidi specifici è consigliabile nei casi più gravi.

3. **Virus**: I narcisi possono anche essere colpiti da diversi virus, come il virus del mosaico, che causa un ingiallimento e un mosaico sulla superficie delle foglie.

Controllo: La miglior prevenzione è quella di utilizzare varietà resistenti e evitare di piantare bulbi infetti. Purtroppo, non esiste una cura per le piante già infette, e il loro isolamento o la loro distruzione possono essere l'unica soluzione.

Tecniche di controllo e prevenzione

Per un approccio efficace al controllo di parassiti e malattie nei narcisi, è importante seguire alcune pratiche agronomiche sane e individuare i problemi precocemente.

1. **Scelta del sito e preparazione del suolo**: Scegliere un luogo soleggiato con un buon drenaggio è fondamentale. Il suolo deve essere ben ventilato per ridurre il rischio di marciume. L'aggiunta di compost ben decomposto può migliorare la struttura del suolo e la sua fertilità.

2. **Rotazione delle colture**: Questa pratica riduce il rischio di malattie e infestazioni poiché i parassiti e i patogeni hanno meno probabilità di sopravvivere in un'area dove non vengono coltivate le stesse piante.

3. **Monitoraggio regolare**: Ispezionare le piante regolarmente per rilevare segni di infestazioni o malattie consente di intervenire in modo tempestivo. È utile annotare eventuali cambiamenti e intervalli di floritura.

4. **Biocontrollo**: L'introduzione di insetti predatori o parassitoidi può aiutare a mantenere sotto controllo le popolazioni di afidi e altri parassiti. Inoltre, l'uso di microrganismi benefici nel terreno può

migliorare la salute generale delle piante.

5. **Pratiche di irrigazione**: È importante evitare eccessi di acqua, che possono contribuire al marciume del bulbo. L'irrigazione deve essere effettuata alla base delle piante per incoraggiare le radici a crescere più in profondità nel terreno.

Raccolta e utilizzo dei fiori di narciso

I fiori di narciso, noti anche come daffodils, sono molto apprezzati non solo per la loro bellezza, ma anche per la loro versatilità. La raccolta e l'utilizzo di questi fiori richiedono alcune attenzione e pratiche ottimali.

Raccolta dei fiori di narciso

1. **Tempistica della raccolta**: I narcisi dovrebbero essere raccolti al momento giusto per garantire la massima freschezza e bellezza. La fase ideale per la raccolta è quando i fiori sono ancora chiusi o parzialmente aperti, poiché si schiuderanno ulteriormente una volta recisi.

2. **Tecnica di raccolta**: Utilizzare forbici o coltelli ben affilati per tagliare gli steli dei fiori. Effettuare il taglio in diagonale a circa 5-10 cm dalla base. Questo aiuta a favorire

l'assorbimento dell'acqua.

3. **Condizioni di raccolta**: È consigliabile raccogliere i narcisi durante le prime ore del mattino o nel tardo pomeriggio, quando le temperature sono più fresche e l'umidità è più alta. Questo aiuta a mantenere i fiori freschi più a lungo.

4. **Conservazione**: Dopo la raccolta, i fiori di narciso devono essere posti subito in acqua fresca. È importante cambiare l'acqua ogni giorno e rimuovere eventuali foglie che potrebbero trovarsi sotto il livello dell'acqua per prevenire la formazione di batteri.

Utilizzo dei fiori di narciso

1. **Arrangiamenti floreali**: I narcisi sono spesso utilizzati in bouquet e composizioni floreali grazie ai loro colori vivaci e al loro profumo. Possono essere combinati con altre piante, come tulipani e giacinti, per creare arrangiamenti primaverili sorprendenti.

2. **Decorazioni per eventi**: I fiori di narciso sono particolarmente popolari per festeggiare eventi primaverili, come matrimoni e feste di Pasqua. La loro eleganza e la loro varietà di colori li rendono adatti a molteplici stili.

3. **Uso domestico**: I narcisi possono essere utilizzati anche per adornare la casa. Un mazzo di narcisi freschi su un tavolo o una finestra può aggiungere un tocco di colore e freschezza all'ambiente.

4. **Considerazioni di sicurezza**: È importante tenere presente che i narcisi contengono sostanze chimiche tossiche, come la narcicissina. Pertanto, dovrebbero essere maneggiati con cura e tenuti lontano da bambini e animali domestici.

5. **Significato simbolico**: I narcisi hanno anche un significato simbolico in molte culture, spesso associati alla rinascita e alla speranza. Questo li rende una scelta popolare per bouquet durante le festività primaverili.

In conclusione, il controllo dei parassiti e delle malattie nei narcisi è un aspetto cruciale per la loro coltivazione e bellezza. Una cura attenta e un approccio integrato possono contribuire a mantenere queste piante in buona salute e a godere della loro splendida fioritura. Inoltre, i fiori di narciso offrono molteplici opportunità di utilizzo, rendendoli un'incredibile aggiunta a qualsiasi giardino e un'ottima scelta per eventi speciali. Con le giuste pratiche di gestione, i narcisi possono abbellire i nostri spazi, portando con sé la bellezza della primavera.

Capitolo 5 : Propagazione del Narciso

La propagazione del narciso (Narcissus spp.), appartenente alla famiglia delle Amaryllidaceae, è un processo che consente di moltiplicare queste piante per ottenere nuove fioriture e mantenere la vitalità del giardino. Il narciso è famoso per i suoi fiori luminosi e profumati, che vanno dal bianco al giallo dorato, con alcune varietà che mostrano toni aranciati o persino rosa. La propagazione può avvenire principalmente in due modi: per seme e per divisione dei bulbi.

Propagazione per Divisione dei Bulbi

Il metodo più comune e efficace per propagare i narcisi è la divisione dei bulbi. Dopo alcuni anni di crescita, i bulbi di narciso possono diventare troppo affollati, riducendo la quantità e la qualità delle fioriture. Questo è il momento ideale per dividere i bulbi e garantire una crescita sana. Ecco come procedere:

1. **Tempistica**: Il momento migliore per dividere i bulbi di narciso è in tarda primavera o all'inizio dell'estate, dopo che le foglie sono ingiallite e la pianta ha completato il suo ciclo

vegetativo. Ciò consente alla pianta di immagazzinare nutrienti nei bulbi per il ciclo successivo.

2. **Preparazione**: Scava con attenzione attorno ai bulbi utilizzando una forca da giardino per evitare di danneggiarli. Estrarre i bulbi dal terreno e scuotere delicatamente per rimuovere la terra in eccesso.

3. **Separazione**: Una volta che i bulbi sono fuori dal terreno, separa i bulbi figlio dai bulbi madre. Assicurati che ogni bulbo figlio abbia radici proprie. Controlla che non ci siano segni di marciume o malattie; scarta quelli danneggiati.

4. **Conservazione e Reimpianto**: Se non intendi reimpiantare immediatamente, lascia asciugare i bulbi in un luogo ombreggiato e ben ventilato per qualche giorno. Conserva i bulbi in un sacchetto di carta o una cassa di legno con segatura o torba in un luogo fresco e asciutto fino al momento del reimpianto in autunno.

Propagazione per Seme

La propagazione da seme è un metodo meno comune, usato prevalentemente da esperti o appassionati di giardinaggio che desiderano creare nuove varietà. La coltivazione da seme richiede pazienza, poiché le piante possono impiegare dai 3 ai 5 anni prima di fiorire.

1. **Raccolta dei semi**: Dopo la fioritura, lascia che i fiori si secchino sulla pianta. Alla fine si formeranno delle capsule contenenti i semi. Una volta maturi, raccogli i semi e lasciali asciugare.

2. **Semina**: Semina i semi in un substrato leggero e ben drenato. La semina può avvenire all'aperto o in serra, ma è importante mantenere il terreno umido fino alla germinazione, che può richiedere alcune settimane.

3. **Crescita**: Le piantine di narciso crescono lentamente. Durante il primo anno, le foglie saranno sottili e sembreranno poco vigorose. Assicurati di proteggere le piantine dalle intemperie e fornire loro un'adeguata quantità di luce.

Consigli per la Coltivazione in Vaso

Coltivare i narcisi in vaso è un'opzione eccellente per chi non dispone di un giardino spazioso o per coloro che desiderano portare un tocco di primavera sui balconi o terrazzi. La coltivazione in vaso richiede alcune attenzioni specifiche per garantire fioriture abbondanti e una crescita sana.

Scelta del Vaso e del Terreno

1. **Tipo di vaso**: Scegli un vaso che abbia fori di drenaggio per evitare ristagni d'acqua, responsabili del marciume radicale. I vasi in terracotta sono una scelta ottimale perché consentono un buon passaggio d'aria, ma quelli in plastica trattengono meglio l'umidità, un aspetto utile in climi più caldi.

2. **Dimensione del vaso**: Il vaso deve essere abbastanza profondo da contenere almeno 10-15 cm di terreno sotto i bulbi per consentire lo sviluppo delle radici. Una profondità di 20-30 cm è ideale per una piantagione mista.

3. **Terreno**: Usa un substrato ben drenato composto da terriccio universale misto a sabbia o perlite. Aggiungere un po' di compost maturo fornirà nutrienti aggiuntivi.

Piantagione e Cura

1. **Piantagione**: Pianta i bulbi a una profondità pari a circa il doppio dell'altezza del bulbo stesso, con la punta rivolta verso l'alto. Distanzia i bulbi di circa 5-8 cm l'uno

dall'altro per consentire una buona circolazione dell'aria.

2. **Annaffiatura**: Innaffia immediatamente dopo la piantagione per favorire l'adesione del terreno alle radici. Durante l'inverno, l'annaffiatura può essere ridotta. In primavera, con la ripresa della crescita, aumenta la frequenza dell'irrigazione, ma evita di inzuppare il terreno.

3. **Concimazione**: Utilizza un fertilizzante bilanciato ogni 4-6 settimane durante la fase di crescita attiva. Preferisci un concime a lento rilascio o uno specifico per piante da fiore.

4. **Esposizione**: Posiziona i vasi in una zona soleggiata o leggermente ombreggiata. I narcisi preferiscono almeno 4-6 ore di luce solare al giorno per una fioritura ottimale.

5. **Protezione invernale**: In climi particolarmente freddi, sposta i vasi in una zona riparata o avvolgili con materiali isolanti per proteggere i bulbi dalle gelate.

Gestione delle Malattie e Parassiti

I narcisi in vaso possono essere soggetti ad alcune problematiche, come marciume dei bulbi e attacchi di parassiti. Per prevenire il marciume, evita l'eccesso di irrigazione e assicurati di utilizzare un terriccio ben drenante. Tra i parassiti più comuni troviamo gli afidi e i nematodi. Controlla regolarmente le foglie per eventuali segni di infestazione e tratta con prodotti specifici o metodi biologici come l'olio di neem.

Narcisi e Design del Giardino

Il narciso è una pianta versatile che si presta a molte applicazioni nel design del giardino. La sua fioritura precoce è uno degli aspetti più apprezzati, annunciando l'arrivo della primavera con una tavolozza di colori vivaci. Esploriamo come integrare i narcisi nei vari stili di giardino.

Progettazione di Bordure e Aiuole

1. **Bordure miste**: I narcisi si combinano splendidamente con altre piante perenni e arbusti. Accostali a piante come i tulipani e i muscari per creare un effetto variopinto e graduale. Le varietà di narcisi più alte, come il *Narcissus pseudonarcissus*, si adattano bene alla parte posteriore delle aiuole, mentre quelle più piccole, come il *Narcissus cyclamineus*, possono essere piantate in

primo piano.

2. **Effetto naturale**: Per un giardino dall'aspetto più naturale, pianta i narcisi in gruppi irregolari piuttosto che in file ordinate. Questo ricrea l'effetto di un prato fiorito, perfetto per giardini in stile cottage o praterie fiorite.

Giardini in Stile Formale

I narcisi possono essere utilizzati per creare disegni geometrici o aiuole simmetriche nei giardini formali. Pianta i narcisi in aiuole circolari o a forma di stella per un impatto visivo notevole. Le varietà a fiore doppio, come il *Narcissus 'Tahiti'*, aggiungono un tocco lussuoso con i loro petali intricati.

Giardini Rocciosi e Pendii

Le varietà più piccole, come il *Narcissus triandrus* o il *Narcissus bulbocodium*, sono ideali per giardini rocciosi o pendii. Questi narcisi, con il loro aspetto delicato ma resistente, si adattano bene a spazi dove altre piante possono faticare a crescere.

Narcisi e Arbusti

Piantare i narcisi ai piedi di arbusti decidui, come forsizie o viburni, crea un contrasto piacevole. Gli arbusti offrono ombra durante i mesi estivi, proteggendo i narcisi dal calore eccessivo e mantenendo il terreno umido.

Narcisi in Prato

Una tendenza comune nei giardini è la naturalizzazione dei narcisi nel prato. Questa tecnica prevede la piantagione dei bulbi direttamente nell'erba, lasciandoli fiorire in primavera e tagliando l'erba solo dopo che le foglie dei narcisi sono ingiallite, assicurando così il ciclo di crescita completo.

Conclusione

La propagazione, la coltivazione in vaso e l'integrazione dei narcisi nel design del giardino richiedono attenzione ai dettagli, ma le ricompense sono abbondanti. Con la giusta cura, i narcisi possono ravvivare qualsiasi spazio verde, dalle aiuole più formali ai giardini spontanei, regalando bellezza anno dopo anno. La loro versatilità, abbinata alla loro resistenza, li rende una scelta eccellente sia per i giardinieri esperti che per quelli alle prime armi.

Glossario

Il narciso, appartenente al genere *Narcissus*, è una delle piante da fiore più amate per il suo aspetto vivace e per la fioritura precoce che annuncia l'arrivo della primavera. Questo glossario dettagliato esplora i vari termini e concetti legati al narciso, includendo descrizioni botaniche, tecniche di coltivazione e aspetti legati al design del giardino. Ogni voce è approfondita per fornire una comprensione completa delle caratteristiche, delle pratiche di coltivazione e della terminologia specifica di questa pianta.

A

- **Amaryllidaceae**: La famiglia botanica a cui appartiene il genere *Narcissus*. Questa famiglia comprende piante bulbose conosciute per i loro fiori spesso spettacolari e profumati. Altri membri famosi della famiglia sono l'amarillide e l'aglio ornamentale.

- **Apparato radicale**: La struttura sotterranea dei narcisi, costituita da radici fibrose che assorbono acqua e nutrienti e contribuiscono alla stabilità della pianta.

- **Autopropagazione**: Il processo attraverso il quale i narcisi possono moltiplicarsi naturalmente senza l'intervento umano. Avviene attraverso la produzione di bulbi laterali (bulbi figlio) che si sviluppano accanto al bulbo madre.

B

- **Bulbo**: La parte sotterranea principale del narciso, che funge da organo di riserva. Il bulbo è composto da foglie modificate, chiamate tuniche, che proteggono e nutrono l'apice vegetativo da cui si sviluppano foglie e fiori.

- **Bulbocodio**: Un tipo particolare di narciso noto per il suo aspetto a "gonna" e per i petali sottili e ricurvi. Il *Narcissus bulbocodium* è un esempio tipico, chiamato anche "narciso con la gonna di crinolina".

- **Botrytis**: Un tipo di fungo che può colpire i narcisi, causando marciume grigio e la formazione di muffe. È fondamentale garantire un buon drenaggio per prevenire questa malattia.

C

- **Calice**: La parte esterna del fiore che sostiene la corolla. Nel narciso, il calice è spesso poco evidente perché fuso con la corolla stessa.

- **Colletto**: La porzione del bulbo da cui emergono le radici. È una parte critica del bulbo, poiché fornisce ancoraggio e accesso ai nutrienti presenti nel terreno.

- **Corona**: La parte centrale e prominente del fiore di narciso, comunemente chiamata "tromba" o "coppa". La forma e le dimensioni della corona variano tra le diverse varietà e sono uno dei criteri principali per la classificazione dei narcisi.

- **Clima**: I narcisi sono adattabili a una vasta gamma di climi, ma prediligono inverni freschi e primavere miti. Possono resistere a temperature basse, ma il caldo eccessivo può influenzare negativamente la fioritura.

D

- **Divisione dei bulbi**: Una tecnica di propagazione vegetativa in cui i bulbi principali vengono separati dai bulbi figlio. Questo processo aiuta a mantenere la pianta sana e a moltiplicarla per ottenere nuovi esemplari.

- **Dormienza**: Periodo in cui il bulbo del

narciso è inattivo, solitamente durante i mesi estivi. Durante la dormienza, il bulbo accumula nutrienti per prepararsi alla fioritura della stagione successiva.

E

- **Esposizione solare**: I narcisi crescono meglio in pieno sole o in ombra parziale. La quantità di luce solare influenza la quantità e la qualità delle fioriture.

- **Eterospecifico**: Termine che descrive gli ibridi derivanti dall'incrocio tra specie diverse di *Narcissus*. Questi ibridi possono combinare caratteristiche uniche di ciascuna specie parentale.

F

- **Foglia**: Le foglie dei narcisi sono lunghe e nastriformi, emergendo direttamente dal bulbo. Sono essenziali per la fotosintesi, il processo con cui la pianta produce energia.

- **Fioritura**: Il processo attraverso il quale i narcisi producono i loro caratteristici fiori. Avviene solitamente in primavera, ma può variare leggermente in base alla varietà e al clima.

- **Forcing**: Una tecnica utilizzata per indurre la fioritura dei narcisi al di fuori della loro normale stagione, particolarmente popolare per le decorazioni natalizie e primaverili. Consiste nel piantare i bulbi in vaso e mantenerli a temperature controllate.

G

- **Genere**: Il narciso appartiene al genere *Narcissus*, che comprende numerose specie e varietà, ciascuna con caratteristiche uniche di forma e colore.

- **Germinazione**: Il processo di sviluppo della piantina a partire dal seme. Nei narcisi, la germinazione è utilizzata principalmente dagli ibridatori per creare nuove varietà, poiché i bulbi sono il metodo di propagazione preferito per la rapidità e l'affidabilità.

- **Gruppo divisionale**: Un sistema di classificazione dei narcisi basato sulla forma e la dimensione della corona, il tipo di petali e altre caratteristiche distintive. Ci sono 13 gruppi principali, tra cui i narcisi a tromba, i narcisi a coppa grande, e i narcisi a coppa piccola.

H

- **Habitat**: I narcisi prosperano in terreni ben drenati e leggermente acidi, preferendo suoli ricchi di sostanza organica. Possono essere trovati in natura nei prati e sui pendii montuosi, particolarmente in Europa e Nord Africa.

- **Ibridazione**: La pratica di incrociare diverse specie o varietà di narciso per ottenere nuove combinazioni di colori, forme e profumi. L'ibridazione è un'arte tanto quanto una scienza e richiede anni per sviluppare nuove varietà che siano resistenti e desiderabili.

I

- **Invecchiamento del bulbo**: Processo naturale in cui un bulbo, dopo diversi anni di fioritura, inizia a produrre meno fiori o fiori di qualità inferiore. La divisione dei bulbi e la corretta cura possono rallentare l'invecchiamento.

- **Infiorescenza**: Sebbene ogni stelo di narciso possa portare un singolo fiore, alcune varietà hanno infiorescenze multiple con più fiori per stelo. Le infiorescenze a grappolo sono comuni in alcune specie minori come *Narcissus tazetta*.

L

- **Letargo estivo**: Periodo di dormienza che avviene durante l'estate. In questo periodo, le foglie si seccano e i bulbi riposano, immagazzinando energia per la fioritura successiva.

- **Lunetta**: Una variazione nella forma della corona del narciso, che può essere simile a una piccola apertura o curvatura verso l'interno.

M

- **Moltiplicazione vegetativa**: Il processo con cui i narcisi si riproducono naturalmente producendo nuovi bulbi attorno al bulbo madre. Questo metodo è più rapido rispetto alla propagazione per seme e garantisce piante identiche all'originale.

- **Malattie fungine**: Problemi come la muffa grigia e il marciume del bulbo possono influenzare negativamente la salute dei narcisi. L'uso di fungicidi e una buona pratica di coltivazione, come un drenaggio efficace, aiutano a prevenire queste malattie.

N

- **Narcissus pseudonarcissus**: Una delle specie più comuni, conosciuta anche come narciso selvatico. È noto per la sua corona gialla prominente e i petali gialli chiari.

- **Naturalizzazione**: La pratica di piantare i narcisi in modo che crescano e si diffondano spontaneamente nel terreno. Questo metodo è utilizzato per creare giardini dall'aspetto naturale e spontaneo.

O

- **Odore**: Alcune varietà di narcisi, come *Narcissus jonquilla*, sono note per il loro profumo intenso e dolce. Non tutte le specie di narcisi sono profumate, e l'intensità del profumo varia notevolmente tra le diverse varietà.

- **Ombreggiatura parziale**: I narcisi possono tollerare un po' di ombra, ma per una fioritura ottimale preferiscono esposizioni soleggiate. In ombra parziale, i fiori possono svilupparsi con colori leggermente meno intensi.

P

- **Parassiti**: I narcisi possono essere colpiti da parassiti come i nematodi e gli afidi. La prevenzione e il controllo regolare sono essenziali per mantenere le piante sane.

- **Petalo**: Uno dei segmenti esterni del fiore, che nei narcisi sono spesso sei e possono variare

in forma e colore a seconda della specie.

- **Piantagione**: La pratica di interrare i bulbi in autunno per assicurare la fioritura in primavera. La profondità di piantagione è tipicamente pari al doppio dell'altezza del bulbo.

R

- **Radice fibrosa**: Tipo di radice tipico dei narcisi che si sviluppa dal bulbo e consente un rapido assorbimento di acqua e nutrienti.

- **Riposo vegetativo**: Il periodo in cui la pianta riduce l'attività metabolica e non cresce visibilmente.

Indice

Glossario pg.41